Audrey

A Dorling Kindersley Book

Titre original : *My Science Book of Sound*

Texte français établi par :
Micheline Servin

Photographies :
D. King

Édition française :

ISBN 2-04-019441-X
Dépôt légal : janvier 1992
Imprimé en Belgique

Le petit chercheur

LE SON

Bordas Jeunesse

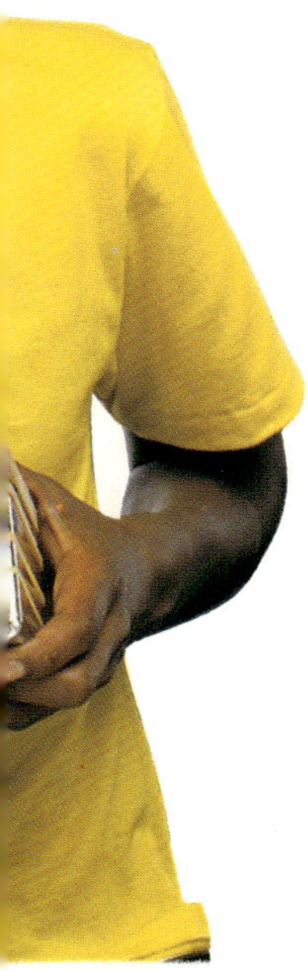

N. Ardley

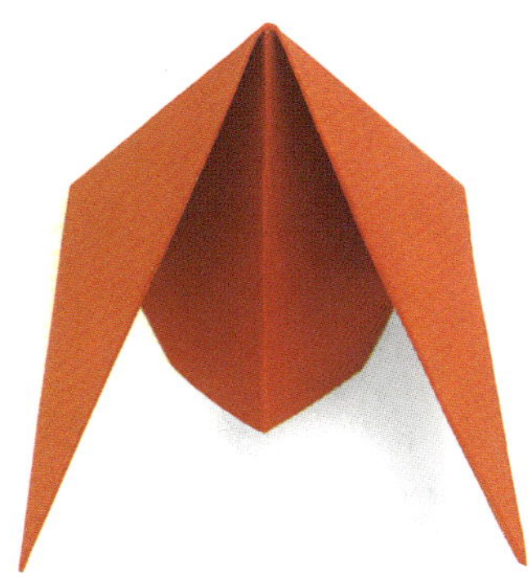

Qu'est-ce que le son ?

Le son est constitué d'infimes vibrations de l'air. Tu ne les sens pas mais ton ouïe les capte naturellement et ton cerveau les transforme en sons. Tu vis entouré de sons. Certains sont agréables, d'autres détestables. Les sons naturels sont émis par des êtres humains, des animaux, le vent... Ils peuvent être artificiels. Ce sont alors des machines qui les produisent. Ta voix est constituée de sons. Elle te permet de parler. Les animaux utilisent aussi des sons pour communiquer entre eux.

Les signaux sonores
Nous les utilisons souvent. Par exemple, dans une partie de ballon, un coup de sifflet signifie « arrêt » ou « jeu ».

Les chants marins
Les baleines chantent dans l'océan. On peut entendre les sons de leur chant à 800 km.

La vitesse du son
Le son d'un ballon qui éclate se propage rapidement dans l'air. Le son se déplace à la vitesse de 340 mètres par seconde. C'est très rapide !

Faire des images avec des sons

L'image que tu vois sur cet écran montre un bébé dans le ventre de sa maman. Des sons ont servi à la fabrication de cette image. Ils sont trop aigus pour que tu les entendes. On les appelle des ultrasons.

Faire de la musique

Fais de la musique pour t'amuser. Tu peux utiliser des objets usuels, comme ceux représentés sur l'illustration, pour produire des sons musicaux.

⚠ Ce signe veut dire **attention**. Si tu le rencontres pendant une expérience, demande à un adulte de t'aider.

Prudence !
Suis attentivement les instructions des expériences et sois prudent quand tu devras utiliser des objets en verre, des ciseaux, des allumettes, des bougies ou l'électricité. Ne mets rien dans tes oreilles, dans ta bouche ou dans tes yeux. N'oublie pas que le bruit peut déranger. Fais attention de ne gêner personne !

Des cris extraordinaires

Comment émettre des cris étranges sans utiliser sa voix ? Avec une bande de plastique ou une paille, et un peu d'entraînement, tu obtiendras des sons identiques à des cris de bêtes sauvages.

Il te faut :

Une paille

Une bande de plastique fin

Des ciseaux

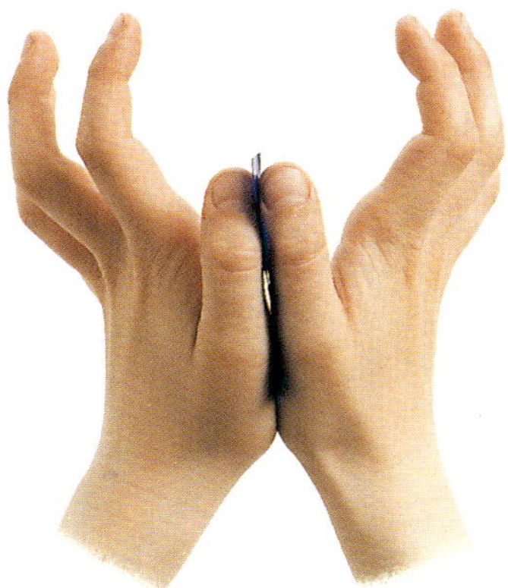

1 Maintiens la bande de plastique entre tes pouces serrés l'un contre l'autre.

2 Souffle fort sur la bande. Tu obtiendras un hululement.

Essaie d'incliner tes pouces sans cesser de souffler.

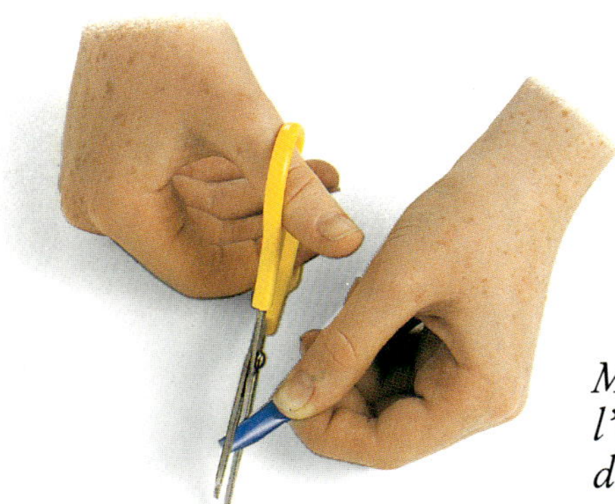

1 Aplatis l'une des extrémités de la paille et coupe-la en forme de pointe.

Maintiens l'extrémité de la paille aplatie.

Tu peux utiliser en même temps deux ou plusieurs pailles et les couper à différentes longueurs.

2 Glisse la pointe de la paille entre tes lèvres et souffle : voilà un cri rauque !

Des sons avec un ballon

Utilise un ballon pour produire un sifflement strident. Tu verras comment des mouvements rapides, des « vibrations », constituent des sons.

Il te faut :

Une pompe

Un ballon

1 Gonfle le ballon. Pince son col pour que l'air ne s'échappe pas.

2 Tiens le col du ballon comme ci-dessous. Écarte-le. L'air qui s'échappe produit un sifflement.

Les deux bords du col du ballon vibrent lorsque l'air s'échappe. Les sons se produisent quand les vibrations sont rapides.

Selon que tu resserres ou que tu relâches les deux bords du col du ballon, tu obtiens des sons différents.

Les hommes produisent des sons

L'air que tu expires de tes poumons fait vibrer tes cordes vocales en passant dans ta gorge.
Elles produisent des sons que les mouvements de ta bouche transforment en mots.

Le détecteur de sons

Comment faisons-nous pour entendre ? Fabrique un tambour et observe comment il détecte les sons. Tes oreilles réagissent de la même façon.

Il te faut :

Un élastique

Un bol en plastique

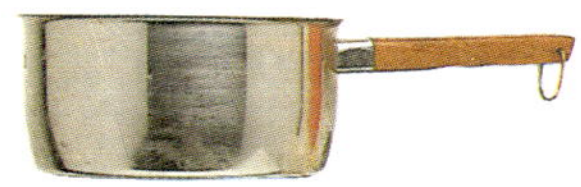
Une casserole

Une feuille de plastiq

Des grains de riz crus

Des ciseaux

Une grande cuillère

Du ruban adhésif

1 Découpe un morceau de plastique plus grand que le bol.

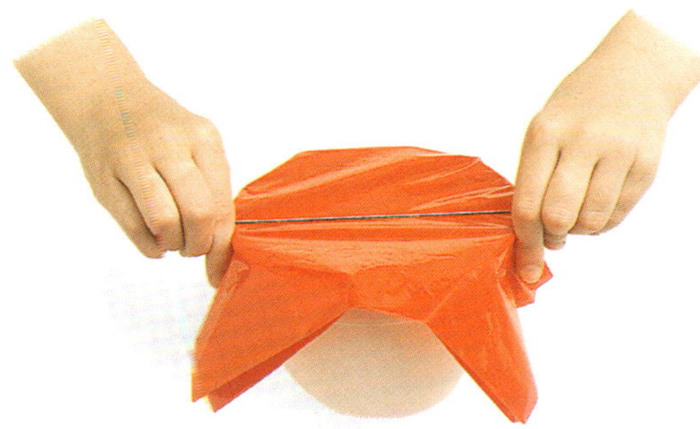

2 Étire bien le plastique sur le bol. Maintiens-le avec l'élastique.

Tire le plastique autant que tu le peux pour fermer le bol.

3 Colle le plastique bien tendu sur la paroi du bol. Voilà ton tambour !

4 Jette des grains de riz sur la peau du tambour.

5 Incline la casserole en oblique au-dessus du bol. Frappe le fond d'un coup sec avec la cuillère. Les grains de riz sautent !

La casserole vibre lorsque tu frappes le fond avec la cuillère.

Le son traverse l'air, atteint la peau du tambour et la fait vibrer.

Les vibrations font sauter le riz.

Si tu portes ton regard au niveau de la peau du tambour, tu vois les grains de riz sauter.

L'oreille

Il y a à l'intérieur de l'oreille une fine membrane. On l'appelle le « tympan ». La partie visible de l'oreille, l'oreille « externe », dirige les sons vers le tympan. Quand les sons atteignent le tympan, ils le font vibrer. C'est à ce moment-là que tu les entends.

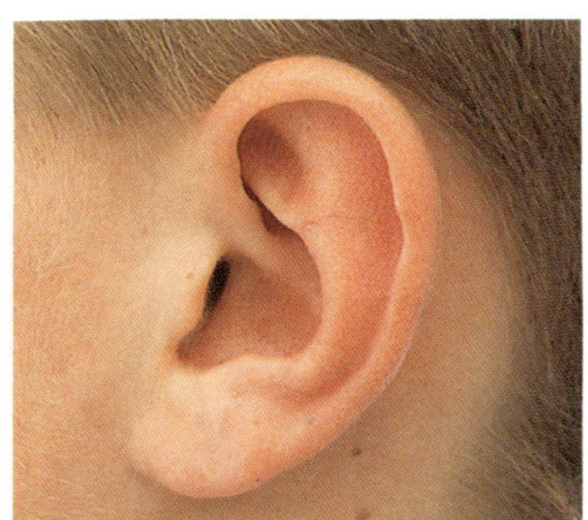

Le claquement du pistolet

Le son se propage dans l'air sous forme d'invisibles vagues comme des rides sur l'eau. Ces vagues s'appellent des « ondes sonores ». Envoie une onde sonore vers une cible et observe ce qui se passe lorsqu'elle l'atteint.

Il te faut :

Du plastique fin

Du papier épais

Un tube

en carton

Une bande de papier

Un crayon

Des ciseaux

Un élastique

Du ruban

adhésif

1 Utilise le tube pour tracer un cercle sur le papier.

2 Découpe le cercle.

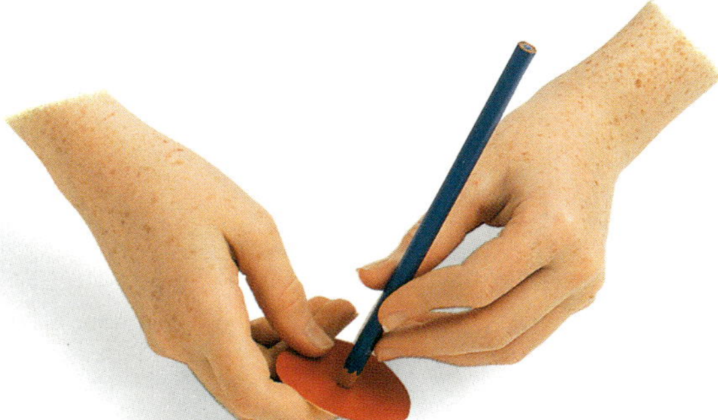

3 Avec le crayon, perce un trou au centre du cercle.

4 Fixe le cercle sur l'une des extrémités du tube.

5 Ferme l'autre extrémité avec du plastique. Maintiens-la avec l'élastique.

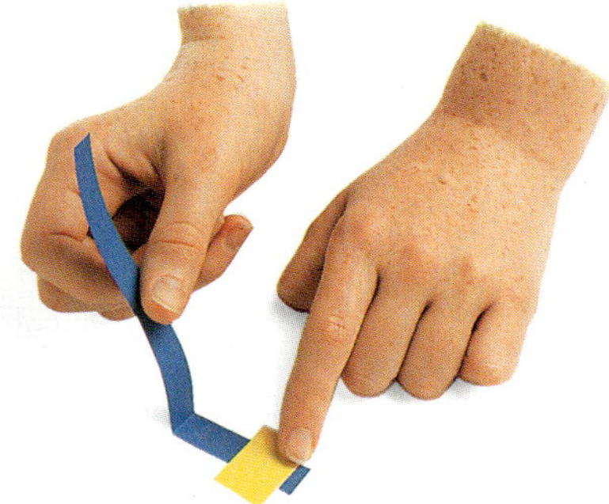

6 Plie la bande de papier en deux. Colle l'une des extrémités sur une surface plane, l'autre se redresse.

Le coup sec fait vibrer l'air à l'intérieur du tube. Une onde sonore le traverse.

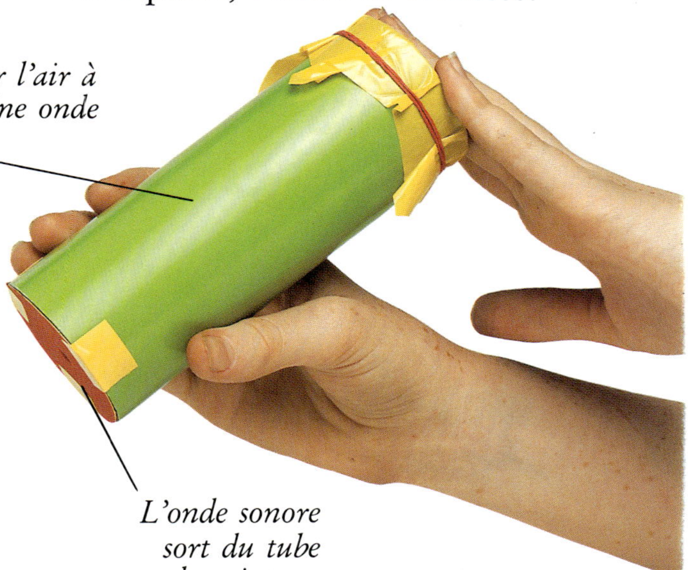

L'onde sonore sort du tube par le petit trou.

7 Tiens le tube : place le petit trou en face de l'extrémité libre de la bande de papier. Donne un coup sec sur l'autre extrémité du tube.

En traversant l'air, l'onde sonore entraîne un mouvement d'avant en arrière qui fait bouger la bande de papier.

L'avalanche

Au cours d'une avalanche, une masse de neige dévale le flanc de la montagne. Un son très fort peut provoquer une avalanche. Les ondes sonores perturbent la neige immobile et déclenchent son glissement.

Un pistolet en papier

Tu peux produire une forte détonation avec une feuille de papier ! Tu pourras observer comment un mouvement brusque propulse une puissante onde sonore dans l'air. Fais peur à tes amis, surprends-les en provoquant une détonation avec un pistolet en papier. Ils voudront tous en fabriquer un !

Il te faut :

Une feuille de papier de 30×40 cm

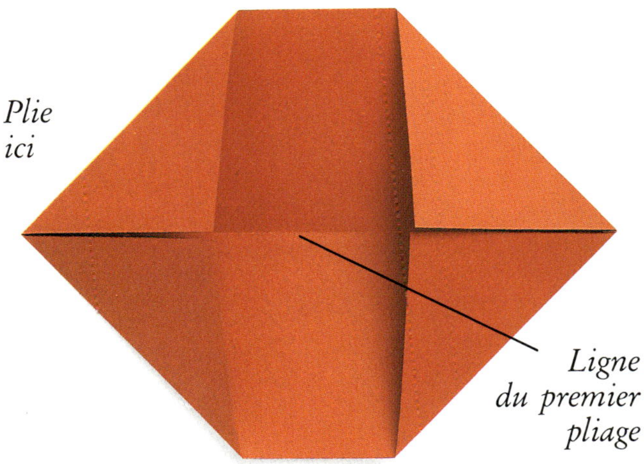

1 Plie la feuille en deux dans le sens de la longueur. Déplie.

2 Rabats les quatre coins pour que leurs extrémités tombent sur la ligne du premier pliage.

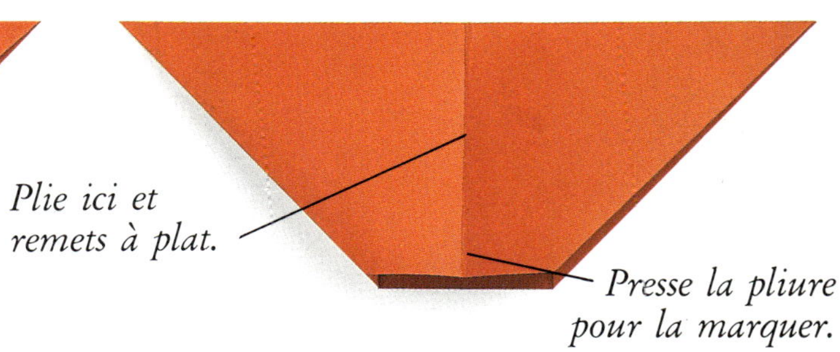

3 Plie la feuille en deux sur la ligne du premier pliage.

4 Replie le papier en deux. Remets-le ensuite dans la position précédente.

5 Rabats les deux coins supérieurs.

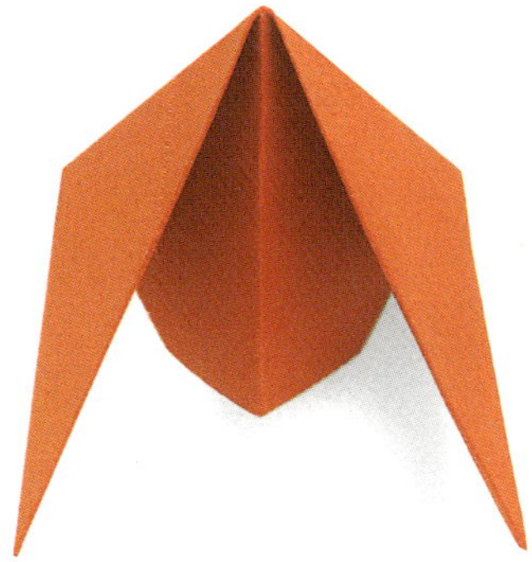

6 Plie enfin le papier en forme de triangle. Le pistolet est prêt à fonctionner.

7 Tiens fermement le pistolet par les deux coins supérieurs. Fais-le basculer brusquement vers le bas par une torsion rapide de ton poignet. Une forte détonation retentit !

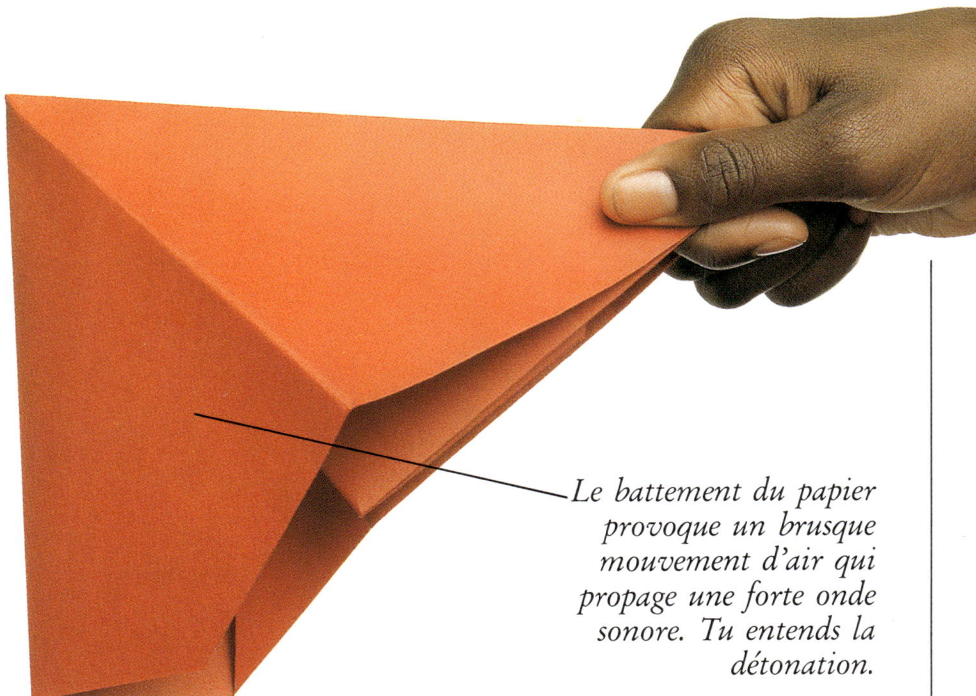

Le battement du papier provoque un brusque mouvement d'air qui propage une forte onde sonore. Tu entends la détonation.

Le coup de tonnerre

Dans un orage, un éclair parcourt la distance entre les nuages et le sol à très grande vitesse. Cela génère une puissante onde sonore qui se propage dans l'air. Nous entendons le coup de tonnerre quand cette onde sonore atteint nos oreilles.

La ficelle qui parle

Les sons traversent l'air. Ils peuvent aussi traverser des objets. Observe cela en fabriquant un téléphone pour communiquer avec tes amis. Tu verras comment une ficelle tendue conduit le son encore mieux que l'air.

Il te faut :

Deux feuilles de papier calque

Du ruban adhésif

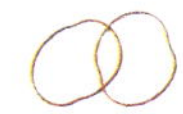

Deux élastiques

De la ficelle

Deux trombones

Un crayon

Deux tubes en carton

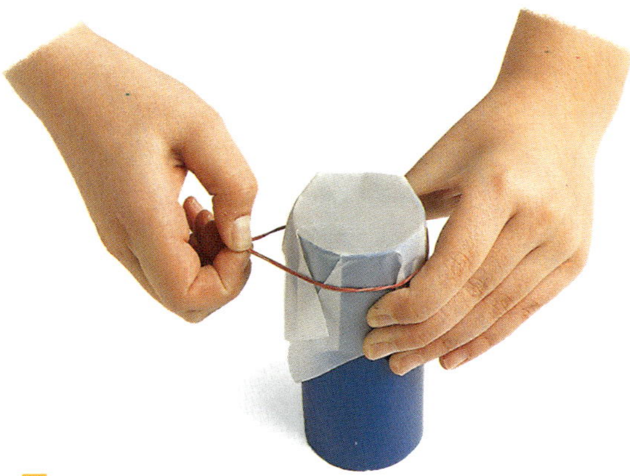

1 Ferme une extrémité de chaque tube avec du calque. Fixe-le avec un élastique.

2 Applique soigneusement le calque contre la paroi des tubes avec du ruban adhésif.

3 Perce un trou au centre de chacune des deux extrémités en papier calque.

Les vibrations de la voix de ton ami font vibrer le tube et la ficelle.

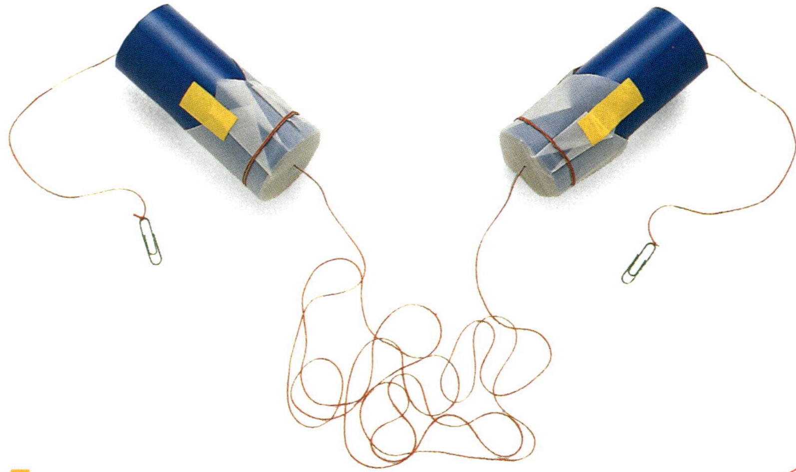

4 Passe la ficelle à travers les trous. Attache un trombone à chacune des extrémités pour l'empêcher de traverser le calque.

Les vibrations se déplacent à grande vitesse le long de la ficelle. Si elle n'est pas tendue, elle ne peut pas vibrer et le son s'arrête.

Les vibrations de la ficelle se prolongent dans le tube. Tu les entends sous la forme de la voix de ton ami.

5 Les tubes peuvent te servir de téléphone. Place un tube contre ton oreille. Tu entends ton ami qui parle dans l'autre tube, même à voix basse.

Le diapason

Frappe les branches d'un diapason : tu entends une note de musique. Pose alors la petite boule du diapason contre une surface dure, la note est plus sonore. Les vibrations du diapason font vibrer la surface dure en la traversant. Le son produit est plus fort que celui des seules branches.

Entendre les pulsations

Comment entendre les battements du cœur ? Fabrique un stéthoscope et essaye-le avec une amie. Tu entendras des sons trop sourds pour être perçus par l'oreille seule.

Il te faut :

Des ciseaux

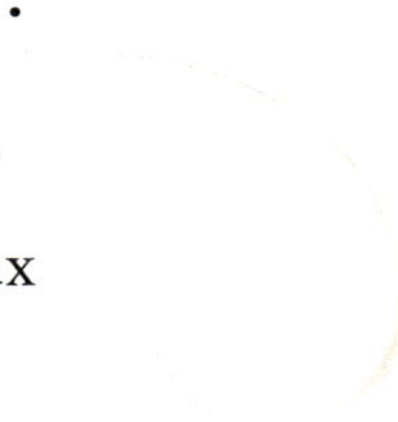

Du tuyau en plastique

Du ruban adhésif

Un entonnoir

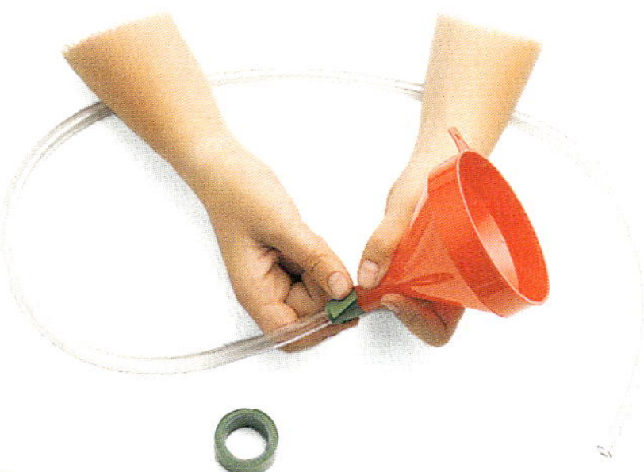

1 Introduis l'embout de l'entonnoir dans le tuyau en plastique. Attache-le.

Fais attention de ne pas introduire le tuyau dans ton oreille !

Les ondes sonores se concentrent dans l'entonnoir, puis passent dans le tuyau avant d'atteindre ton oreille.

2 ⚠ Pose l'entonnoir sur le cœur de ton amie. Place le tube contre ton oreille. Écoute les battements de son cœur.

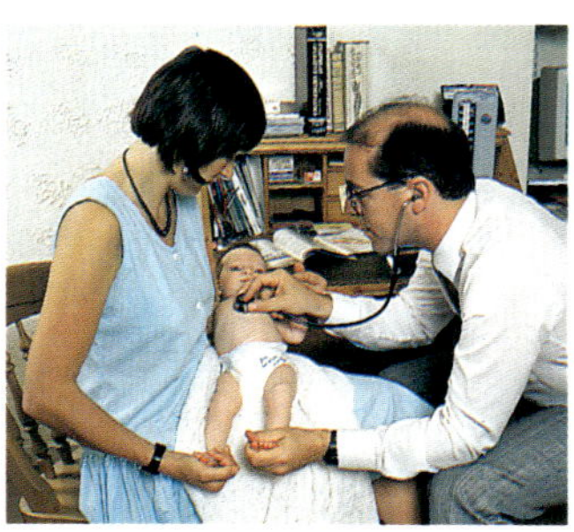

L'auscultation
Les médecins utilisent des stéthoscopes à deux tubes afin d'écouter les bruits du corps de leur patient avec les deux oreilles. Les sons qu'ils entendent leur permettent de savoir si les organes auscultés fonctionnent bien.

Le porte-voix

Comment rendre ta voix plus sonore sans pour autant hurler ? En utilisant un mégaphone. Tu peux aisément fabriquer cet objet qui amplifie la voix.

Il te faut :

Du ruban adhésif

Des ciseaux

Une grande feuille de papier

1 Fabrique un cône de papier.

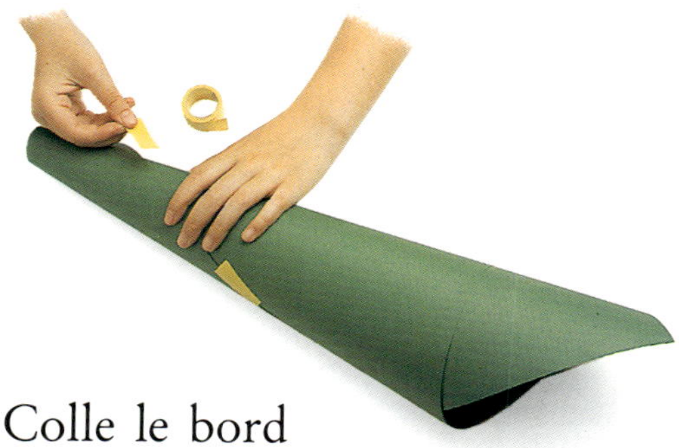

2 Colle le bord extérieur du papier avec du ruban adhésif.

Le cône dirige les ondes sonores de ta voix et les empêche de se disperser dans l'air.

3 Place le cône contre ta bouche et parle. Le cône amplifie ta voix.

Le cône peut servir de cornet acoustique. Il recueille les sons et les transmet à ton oreille.

4 Pose le cône contre ton oreille. Tu entendras même des sons très faibles.

La répercussion

Il arrive que des ondes sonores atteignent un objet avant ton oreille. Quand cela se passe, les ondes sonores se répercutent et tu entends le son en « écho ». Cette expérience te permettra de répercuter les sons.

Il te faut :

Une assiette

Un bouchon

Plusieurs livres

Deux tubes en carton

Une montre qui fait tic-tac

1 Fais deux piles de livres, de hauteur identique.

2 Pose avec soin les tubes sur les livres, comme sur l'image.

3 Porte la montre à ton oreille. Assure-toi que tu entends bien le tic-tac.

4 Pose la montre à l'extrémité de l'un des tubes.

5 Place ton oreille à l'extrémité symétrique de l'autre tube. Tu n'entends pas la montre. Demande à un ami de tenir l'assiette près des extrémités opposées des tubes. Tu entends maintenant le tic-tac.

Les ondes sonores rebondissent sur l'assiette. Elles atteignent ton oreille après être passées dans le second tube.

Les ondes sonores émises par la montre traversent le premier tube.

Le bouchon atténue les ondes sonores.

6 Demande maintenant à ton ami de remplacer l'assiette par le bouchon. Tu n'entends plus la montre.

Avec d'autres matériaux
Utilise des morceaux de bois, de métal, du coton ou de la laine. Écoute comment les surfaces dures répercutent les sons et comment les matériaux mous les absorbent.

« Voir » grâce aux sons.
Les chauves-souris émettent des cris très aigus qui se répercutent sur les objets. L'écho de leurs cris leur indique la taille et la place de ces objets. C'est de cette manière qu'elles se déplacent dans le noir et chassent leurs proies.

Un tambour en plastique

Les instruments de musique produisent des sons. Fabrique un tambour et observe comment rendre le ton d'une note plus grave ou plus aigu.

Il te faut :

Un élastique

Un stylo

Une feuille de plastique

Un plat creux en plastique

1 Place le plastique sur le plat en le tirant bien. Maintiens-le avec l'élastique.

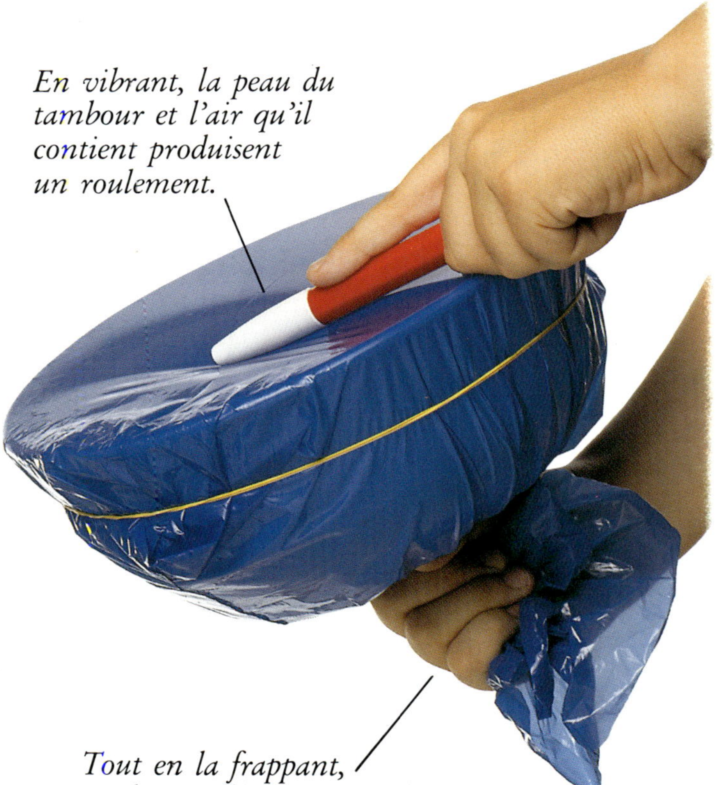

En vibrant, la peau du tambour et l'air qu'il contient produisent un roulement.

2 Serre le plastique en le tendant sous le plat. Frappe-le avec le stylo. Tu entends un son.

Tout en la frappant, tends ou relâche un peu la peau. La note obtenue monte ou descend. Plus la peau est tendue, plus le son est aigu.

Le tambour qui parle

Les cordes de ce tambour africain changent sa tonalité quand on les pince en frappant la peau. Les notes montent ou descendent. Sa musique ressemble à un dialecte africain.

Une sorte de maracas

Il existe des instruments à percussion qui produisent différentes sortes de sons selon qu'on les frappe ou qu'on les secoue. Ce sont par exemple les maracas. Tu peux en fabriquer.

Il te faut :

Des ciseaux

Une bouteille en plastique

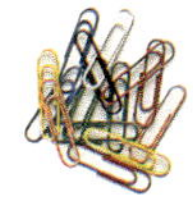

Des trombones

Des rubans adhésifs de couleur

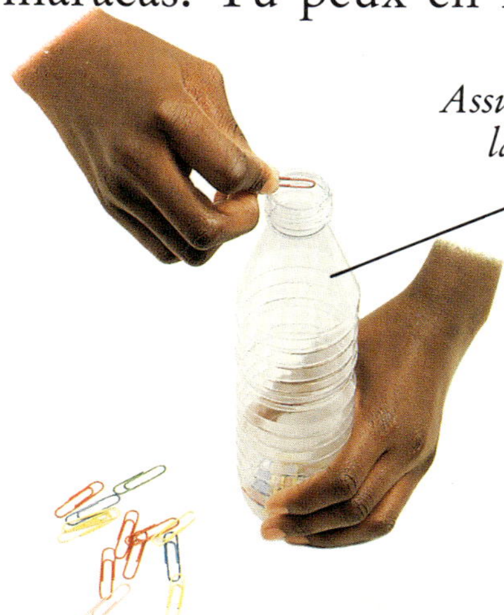

Assure-toi que la bouteille est sèche.

1 Introduis quelques trombones dans la bouteille. Ferme-la bien.

Effectue de rapides torsions du poignet pour secouer la bouteille.

2 Secoue la bouteille d'avant en arrière. La projection des trombones contre les parois produit des crépitements.

3 Remplis des bouteilles avec d'autres objets. Le son sera différent. Fabrique plein d'instruments.

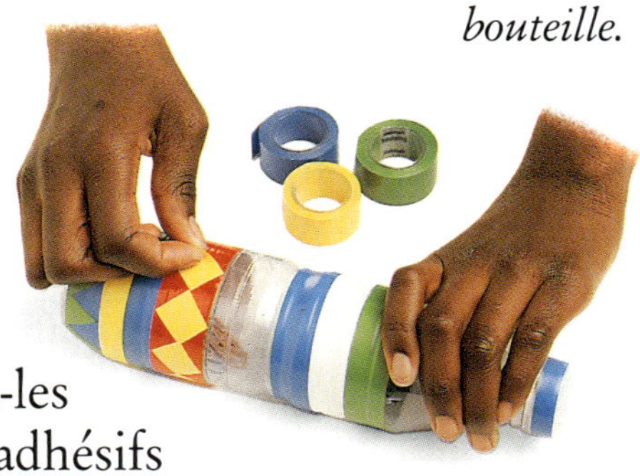

4 Décore-les de rubans adhésifs de toutes les couleurs.

Une guitare à élastiques

Fabrique une guitare avec des élastiques ! Pose des élastiques autour d'un moule à gâteaux. Pince-les. Cette expérience te permettra de comprendre le fonctionnement d'un instrument à cordes.

Il te faut :

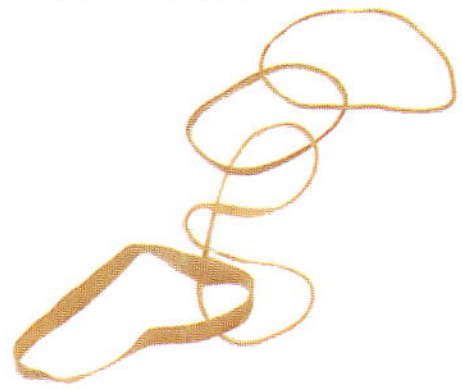

Des élastiques de différentes largeurs

Trois stylos-feutres

Un moule à gâteaux

1 Entoure le moule, dans le sens de la longueur, avec des élastiques.

Les vibrations sont étouffées parce que les élastiques frottent contre les bords du moule.

2 Pince les élastiques pour entendre les sons qu'ils émettent.

Les stylos-feutres surélèvent les élastiques.

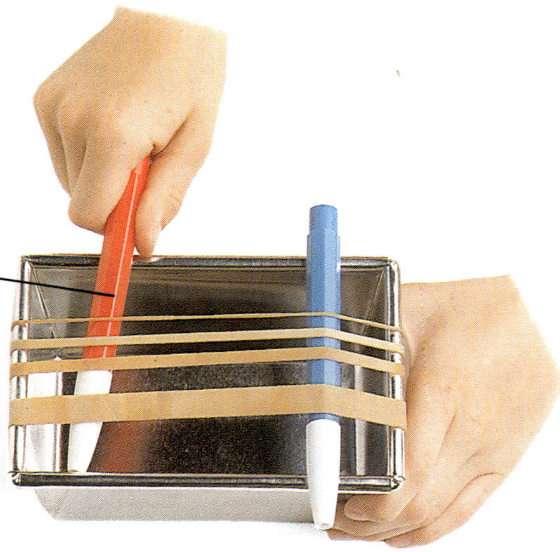

3 Maintenant, pose un crayon à chaque extrémité du moule, sous les élastiques.

4 Pince de nouveau les élastiques. Les sons obtenus sont plus clairs que précédemment.

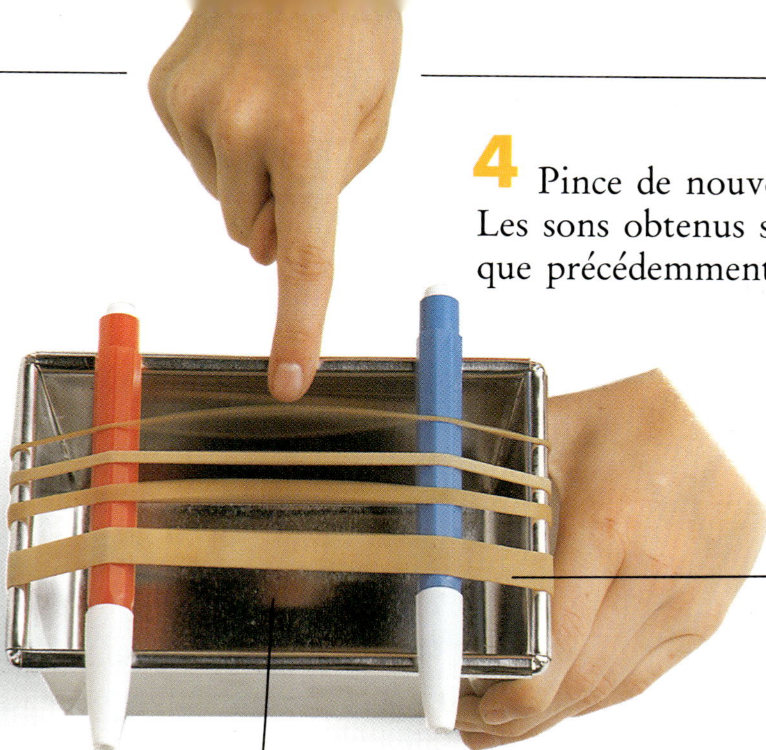

Des élastiques larges et épais vibrent moins vite que des élastiques minces. Les notes qu'ils produisent sont plus basses.

Les vibrations traversent les stylos-feutres avant d'atteindre le moule. Les sons proviennent en grande partie du moule.

5 Appuie le troisième stylo-feutre sur les élastiques. Change sa place sur les élastiques tout en les pinçant. Les notes changent de ton.

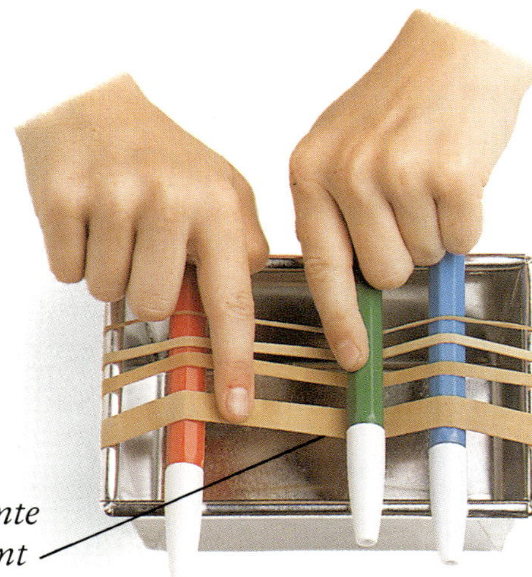

Plus tu réduis la partie vibrante des élastiques plus les notes sont aiguës.

Les instruments à cordes

Les guitaristes appuient sur les cordes avec les doigts d'une main et les pincent avec ceux de l'autre main. En appuyant sur les cordes, ils réduisent ou allongent la partie qui vibre et cela modifie les notes.

Un orgue avec des bouteilles

Compose de la musique avec quelques bouteilles et un peu d'eau. Tu verras et tu entendras comment des quantités différentes d'air vibrent et produisent des sons.

Il te faut :

De l'encre ou des colorants alimentaires

Une carafe d'eau

Des bouteilles à goulot étroit

1 Aligne les bouteilles. Tu as besoin de six bouteilles au moins pour inventer une mélodie.

2 Remplis chaque bouteille d'une quantité différente d'eau.

3 Tu repéreras facilement le niveau de l'eau si tu la colores.

4 Souffle doucement au-dessus du goulot de chaque bouteille. Chacune émet une note particulière. Change les niveaux d'eau de manière à inventer ta mélodie.

En soufflant au-dessus du goulot d'une bouteille, tu fais vibrer l'air qu'elle contient. Plus le volume d'air est petit, plus les vibrations sont rapides.

Une haute colonne d'air produit une note grave.

Une petite colonne d'air produit une note aiguë.

L'orgue

Chaque tuyau de ce grand orgue chante une note. Quand l'organiste joue, l'air insufflé par des orifices à la base des tuyaux provoque des vibrations de la colonne d'air. Les notes jouées forment le morceau de musique.

Des instruments à trous

Les instruments à vent tels que la flûte, la clarinette ou le hautbois sont des tubes percés de trous. Tu peux fabriquer un instrument à vent avec un tube en carton et jouer plusieurs notes.

Il te faut :

Un tube en carton

Une paille

Du papier calque

Un crayon

Des ciseaux

Du ruban adhésif

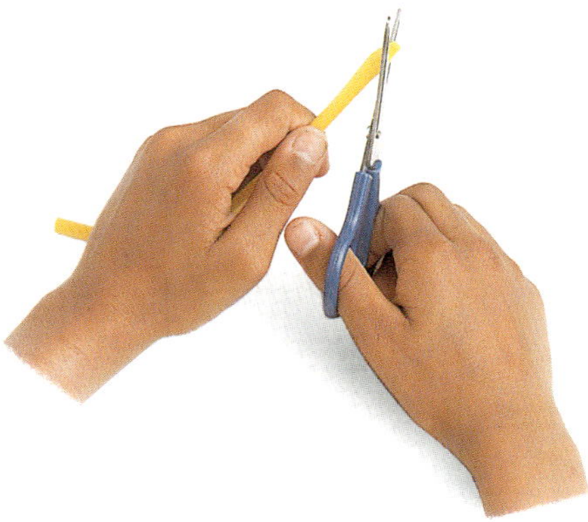

1 Aplatis l'une des extrémités de la paille. Coupe les deux côtés en pointe.

2 Ferme une extrémité du tube avec du calque. Maintiens-le avec du ruban adhésif.

3 Perce un trou au centre du papier avec le crayon.

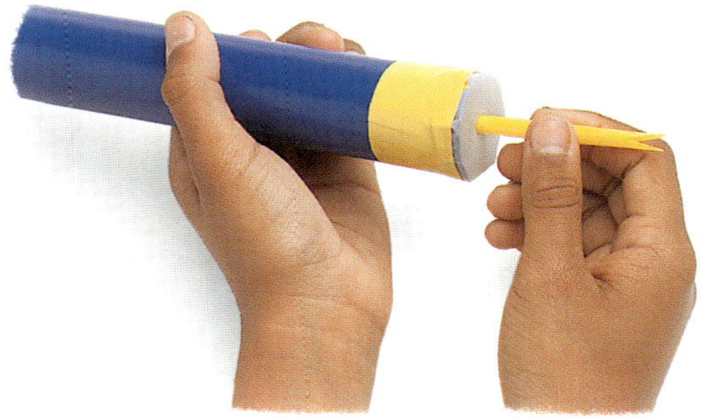

4 Passe avec précaution l'extrémité non pointue de la paille dans le trou.

5 Avec le crayon, perce six trous dans le tube.

La paille vibre et fait passer l'air chargé de vibrations dans le tube, jusqu'au premier trou.

Plus la colonne d'air est longue, plus la note est grave.

6 Pose tes doigts sur les trous. Souffle dans la paille en bougeant tes doigts pour ouvrir et fermer les trous, tu obtiendras des notes différentes.

La cornemuse
Le joueur presse le sac, appelé l'« outre ». L'air est expulsé dans les tuyaux. On appelle « chalumeau » le tuyau percé de trous. Il « chante » plusieurs notes. Les autres tuyaux, les « bourdons », ne chantent qu'une note.

Auteurs des illustrations
(abréviations utilisées pour les illustrations : B=bas, C=centre, G=gauche, D=droite, H=haut). Catherine Ashmore : 25BG ; Clive Barda : 9BG ; Dorling Kindersley : 22BG ; Pete Gardner : 6BG, 6BD, 7CG, 11BD, 17BD ; Robert Harding Picture Library : 13BG ; The Image Bank : 15BG ; Dave King : 6HG ; NHPA/Trureo Nakamuta : 6CD ; Stephen Dalton 21BD ; Science Photo Library/Alexander Tsiaras : 7HG ; Chris Priest & Mark Clarke : 18BG ; Scottish Tourist Board : 29CG ; Zefa 27BG.)

Recherche graphique : Paula Cassidy et Rupert Thomas

Photo de couverture : Dave King